复杂工程管理书系
大纲与指南系列丛书

医院建筑信息模型应用指南

(2018版)

Building Information Modeling Application Guide for Hospital Buildings

(2018 Edition)

中国医院协会　同济大学复杂工程管理研究院　编著

内 容 简 介

本书的主要目的是为医院建筑全生命周期BIM技术应用提供参考和指引,规范BIM技术应用过程,以充分发挥BIM技术在项目前期策划、规划、设计、施工和运维等全生命周期中的应用潜力和应用价值,为智慧医院和绿色医院建设提供相应参考。

医院(尤其是基建、后勤或总务部门)、代建单位或机构、工程咨询单位、BIM技术专业咨询单位以及参与医院建设与运维的其他单位或部门等,都可以参考本指南。

图书在版编目(CIP)数据

医院建筑信息模型应用指南:2018版/中国医院协会,同济大学复杂工程管理研究院编著. --上海:同济大学出版社,2018.12

(复杂工程管理书系. 大纲与指南系列丛书)

ISBN 978-7-5608-8258-1

Ⅰ. ①医… Ⅱ. ①中… ②同… Ⅲ. ①医院—建筑设计—计算机辅助设计—应用软件 Ⅳ. ①TU246.1-39

中国版本图书馆CIP数据核字(2018)第268771号

医院建筑信息模型应用指南(2018版)

中国医院协会　同济大学复杂工程管理研究院　编著

责任编辑　姚烨铭　　责任校对　徐春莲　　封面设计　陈益平

出版发行　同济大学出版社　　www.tongjipress.com.cn

(地址:上海市四平路1239号　邮编:200092　电话:021-65985622)

经　销　全国各地新华书店

印　刷　上海安枫印务有限公司

开　本　787mm×960mm　1/16

印　张　4.25

字　数　85000

版　次　2018年12月第1版　　2019年11月第2次印刷

书　号　ISBN 978-7-5608-8258-1

定　价　39.00元

前　言

本指南按照 GB/T 20001.7—2017 给出的规则起草。

本指南由中国医院协会医院建筑系统研究分会提出。

本指南由中国医院协会归口管理。

本指南主要起草单位：上海申康医院发展中心、中国医院协会医院建筑系统研究分会、上海市医院协会建筑与后勤管理专业委员会、江苏省医院协会医院建筑与规划管理专业委员会、广东省医院协会医院建筑管理专业委员会、浙江省医院协会医院建筑管理专业委员会、北京市医院建筑协会、上海市卫生基建管理中心、同济大学复杂工程管理研究院。

本指南参加起草单位：上海市第一人民医院、上海市第六人民医院、上海市胸科医院、复旦大学附属中山医院、复旦大学附属华山医院、上海交通大学医学院附属仁济医院、上海交通大学医学院附属瑞金医院、浙江省人民医院、东南大学附属中大医院、江苏省妇幼保健院、南方大学附属南方医院、广东省人民医院、南京大学 BIM 技术研究院。

本指南主要起草人：张建忠、李永奎、朱亚东、陈梅、魏建军、吴锦华、虞涛、余雷、邵晓燕、蒋凤昌。

本指南参与起草人：张树军、张威、郑国彪、李树强、徐伟、陈国亮、曹海、乐云、曹吉鸣、沈柏用、靳建平、程明、朱永松、张群仁、赵海鹏、周晓、何清华、邱宏宇、姚蓁、李俊、赵奕华、李嘉军、韩一龙、李迁、董杰、张玉彬、钱丽丽、张艳。

本指南审查人：郭重庆、陈建平、李路平、朱夫、诸葛立荣、齐贵新、陈睦、马丽平、张宝库、骆汉宾、张宏、李德智、王铁林、杨燕军、刘学勇、罗蒙、孙福礼、孙杰、朱根、蔡国强、高承勇。

编者

2018 年 10 月

引　言

建筑信息模型（Building Information Modeling，以下简称BIM）已经成为建筑业领域的重要创新技术，在国内外逐渐得到了广泛应用。自2011年以来，住房和城乡建设部陆续印发了《建筑业信息化发展纲要》《关于推进建筑信息模型应用的指导意见》等一系列政策文件，推广应用BIM技术。在这一发展趋势和政策背景下，上海、江苏、广东和浙江等地医院开始试点BIM技术应用，在项目造价、进度、质量和安全控制等方面，取得了良好的工程效益、经济和社会效益。

为了进一步总结各地经验，更好地指引各地医院开展BIM技术应用工作，充分发挥BIM技术应用价值，上海申康医院发展中心、中国医院协会医院建筑系统研究分会以及部分地区医院协会、代表性医院、科研机构等组织成立编写小组，启动《医院建筑信息模型应用指南》的编写工作。编写小组认真调研和总结各地医院的BIM技术应用经验和教训，也对国外医疗卫生领域以及国内其他领域的BIM技术应用成功经验、先进做法和相关标准指南进行了系统性分析、总结和借鉴，经过研讨、意见征询、修改、评审与报批，最终定稿。

本指南的主要目的是为医院建筑全生命周期BIM技术应用提供参考和指引，规范BIM技术应用过程，以充分发挥BIM技术在项目前期策划、规划、设计、施工和运维等全生命周期中的应用潜力和应用价值，为智慧医院和绿色医院建设提供相应参考。

通过指南可以：

(1) 宏观了解医院BIM技术应用价值及主要工作内容，评估该技术对当前或未来医院建设与后勤管理的影响及相应对策。

(2) 全面了解医院BIM技术应用的组织方式、工作内容、成果要求、全过程应用方法和协同平台等核心内容，作为医院或代建机构开展总体工作的参考。

(3) 具体了解医院BIM技术应用的特点、目的和要求等重要内容，

作为各参建方开展BIM技术具体应用工作的参考和指导。

本书指南也可以作为各参建方BIM技术应用策划、实施方案制定、招标文件起草、合同谈判以及应用跟踪等各项工作的依据，以及BIM技术应用水平认定等行业管理各项工作的参考。

由于BIM技术及其实践需求仍在不断变化，本书指南将在使用过程中不断完善并适时更新。

目　录

H
HOSPITAL

1 范　　围

本指南力求适用于各地区、各级和各类医院，以及新建、改(扩)建及既有医院建筑，也适用于项目级和组织级建筑信息模型(以下简称 BIM)技术应用。具体包括：

(1) 尽量覆盖不同地区、不同级别和不同类型的医院，也充分考虑不同的建设管理模式，在应用组织、全生命周期应用方法和取费模式等方面进行体现。

(2) 尽量覆盖新建、改(扩)建(或大修改造)以及既有医院建筑的应用，也充分考虑诊疗中心、科教楼、住院楼等不同功能医院建筑的应用，该内容在全生命周期应用方法、基于 BIM 技术的项目协同平台和取费模式等方面进行体现。

(3) 尽量覆盖项目级和组织级多项目应用，也充分考虑新院区项目群建设和老院区单体建设或改(扩)建情况，同时还考虑医院多项目同时开展 BIM 技术应用的组织级应用场景，该内容在应用组织、全生命周期应用方法和基于 BIM 技术的项目协同平台等方面进行体现。

2　规范引用性文件

下列文件对于本指南的应用是必不可少的。凡是注日期的引用文件，仅注日期的版本适用于本指南。凡是不注日期的引用文件，其最新版本（包括所有的修改单）适用于本指南。

《建筑信息模型应用统一标准》GB/T 51212

《建筑信息模型分类和编码标准》GB/T 51269

《建筑信息模型施工应用标准》GB/T 51235

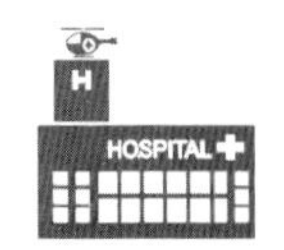

3 术语和定义

3.1 建筑信息模型 building information modeling (BIM)

在建设工程及设施全生命期内,对其物理特征、功能特性及管理要素进行数字化表达,并依此设计、施工、运营的过程和结果的总称。简称 BIM 或模型。

3.2 项目管理 project management (PM)

从项目的投资决策开始到项目结束的全过程进行计划、组织、指挥、协调、控制和评价,以实现项目的目标,通常包括进度控制、质量控制、造价控制、合同管理、质量管理、安全管理以及沟通协调等。

3.3 建筑全生命周期 building life-cycle

建筑工程项目从规划设计到施工,再到运营维护,直至拆除为止的全过程。

3.4 代建单位(机构) construction agent

对非经营性政府投资项目,在代建制下,负责项目建设实施管理的专业化项目管理单位,其选择方式和具体职责不同地区具有不同的规定。

3.5 场地分析 site analysis

包括地形分析与周边环境分析两个方面，指利用场地分析软件或设备，建立场地模型（包括建筑周边道路、景观、地形等），在场地规划设计和建筑设计的过程中，提供可视化的模拟分析成果或数据，作为评估设计方案的依据。

3.6 建筑性能分析 building performance analysis

将建筑信息模型导入专业的性能分析软件，或者直接构建分析模型，对规划及方案设计阶段的建筑物进行日照、采光、通风、能耗、声学等建筑物理性能和建筑使用功能进行模拟分析。

3.7 建筑设备选型分析 building equipment selection analysis

对医院建筑内部的电梯、空调、医用气体系统等设备进行初步选型，确定其基本需求参数，并对其在建筑结构模型中的适配性进行模拟分析，选择在功能参数、几何尺寸、造价指标、使用维护等方面合适且有效的主要设备系统。

3.8 净空分析 clearance analysis

通过优化地上和地下部分的土建、动力、空调、热力、给水、排水、弱电、强电和消防等综合管线，在无碰撞情况下，通过计算机自动获取各功能分区内的最不利管线排布，绘制各区域机电安装净空区域图。

3.9 碰撞检测 clash detection

利用 BIM 技术软件，自动检测管线与管线之间、管线与建筑结构等之间的冲突，发现实体模型对象占用同一空间（“硬碰撞”）或者是间距过小无法实现足够通路、安装、保温、检修或安全性等

问题(“软碰撞”)的过程。

3.10 模拟仿真漫游 walkthrough simulation

应用 BIM 技术软件模拟建筑的三维空间关系和场景,通过漫游、动画和虚拟现实(VR)等方法和手段提供身临其境的视觉、空间感受。

3.11 一级医疗工艺流程仿真及优化 primary healthcare process simulation and optimization

基于 BIM 技术模型及专业性能分析软件,进行仿真模拟、反复修正、多方案选优和对医院院区、建筑综合体、单体及主要功能区之间关系的确定。

3.12 二级医疗工艺流程仿真及优化 secondary healthcare process simulation and optimization

基于 BIM 技术模型及专业性能分析软件,进行仿真模拟、反复修正、多方案选优和对医院建筑医疗功能单元(科室)各个房间之间关系的确定。

3.13 三级医疗工艺流程仿真及优化 tertiary healthcare process simulation and optimization

基于 BIM 技术模型及专业性能分析软件,进行仿真模拟、反复修正、多方案选优,进行医院建筑的各个房间内部及活动区域的设施设备、医疗家具、水电点位、内装条件(地面、墙面、顶篷、通风及温度等)和气流特征等条件的确定。

3.14 医院信息模型 hospital information modeling (HIM)

是 BIM 技术在医疗卫生领域中的扩展应用，其模型信息的范围不仅包括医院新建、改扩建、大修项目的建筑和设备信息，还包括医疗设备以及医疗工艺信息等。

3.15 4D 施工模拟 4D construction simulation

在三维建筑信息模型的基础上，增加时间维，通过安排合理的施工顺序，在劳动力、机械设备、物资材料及资金消耗量最少的情况下，按规定的时间完成满足质量要求的工程任务，实现施工进度控制。

3.16 5D 造价分析 5D cost analysis

在三维建筑信息模型的基础上，增加或智能关联时间信息和造价信息，开展造价计算、分析、计划和控制，实现造价控制目标。

3.17 施工场地规划 construction site planning

对施工各阶段的场地地形、既有建筑设施、周边环境、施工区域、临时道路、临时设施、加工区域、材料堆场、临水临电及施工机械安全文明施工设施等进行规划布置和分析优化，以保证场地布置和现场管理的科学性和合理性。

3.18 施工方案模拟 construction plan simulation

在工程开始施工前，对建筑项目的施工方案进行模拟、分析与优化，从而发现施工中可能出现的问题。在施工前提前采取预防措施，减少施工进度拖延、安全问题频发、返工率高及建造成本超支等问题，实行多方案对比优化，直到获得最佳的施工方案。

3.19 基于BIM技术的项目协同平台 collaborative project management platform based on BIM

基于网络及BIM技术的协同平台，帮助项目各参与方和各专业人员实现模型及信息的集中共享、模型及文档的在线管理、基于模型的协同工作和项目信息沟通等，并最终为医院建设项目管理和BIM技术应用提供平台支撑。

3.20 建筑施工运维的建筑信息交换 construction operation building information exchange(COBie)

与包括空间和设备等管理资产信息有关的国际标准，可用于指导施工与运维的建筑信息交换。

3.21 逆向建模 reverse modeling

相对于正向建模，利用逆向工程原理，通过三维激光扫描仪等技术手段收集和分析真实物体或环境形状和外观数据，从而构建数字化三维模型的方法。

3.22 虚拟现实技术 virtual reality (VR)

采用三维计算机图形技术、多媒体技术、网络技术、仿真及传感等多种技术，并融合图像、声音、动作行为等多源信息的仿真模拟系统，使用户沉浸在三维动态视景中，且能与系统进行感知交互，并对用户的输入进行实时响应，具有交互性、动态性、多感知性和实时性等特征。

3.23 增强现实技术 augmented reality (AR)

通过多种设备，如与计算机相连接的光学透视式头盔显示器或配有各种成像原件的眼镜等，让虚拟物体能够叠加到真实场景上，使它们一起出现在使用者的视场中，其目的是将计算机生成

的虚拟环境与用户周围的现实环境融为一体,使用户从感官效果上确信虚拟环境是其周围真实环境的组成部分。

3.24 无线射频识别技术 radio frequency identification (RFID)

是一种非接触式的自动识别技术,它通过射频信号自动识别目标对象并获取相关数据。

3.25 设施管理 facility management (FM)

是一门通过整合人员、空间、过程和技术,确保建成环境实现设计目的的,包含多个学科的专业。

3.26 医院后勤管理 hospital logistics management

医院物资、总务、设备、财务和基本建设工作的总称,包括衣、食、住、行、水、电、煤、气、冷、热等诸多方面。

3.27 建筑自动化系统 building automation system (BAS)

将建筑物或建筑群内的空调与通风、变配电、照明、给排水、热源与热交换、冷冻和冷却及电梯和自动扶梯等系统,以集中监视、控制和管理为目的构成的综合系统。

3.28 医疗信息系统 hospital information system(HIS)

利用计算机软硬件技术、网络通信技术等现代化手段,对医院及其所属各部门对人、财、物进行综合管理,对在医疗活动各阶段中产生的数据进行采集、存储、处理、提取、传输、汇总、加工生成各种信息,从而为医院的整体运行提供全面的、自动化的管理及各种服务的信息系统。

4 总　　则

4.1 编制原则

4.1.1 由于政策和法规不断调整，若本指南与之冲突或不一致，以最新政策和法规为准。

4.1.2 由于不同地区、不同医院、不同项目都具有自身的特殊性，可以依据具体情况进行适当调整。

4.1.3 由于具体应用情况的多样性和复杂性，本指南无法完全取代具体项目的 BIM 技术应用大纲或实施方案，各参建单位可以在此基础上进一步调整、深化或细化。

4.2 与 BIM 技术标准之间的关系

4.2.1 本指南主要是为 BIM 技术应用及应用管理提供参考，并不能代替 BIM 技术相应技术标准。

4.2.2 除国际和国家已经发布的通用技术标准外，通常的项目级 BIM 技术标准包括设计标准、协作标准、算量标准、文档标准、编码标准以及一些特定事项的标准（例如坐标系统、标高和轴网等）。

4.2.3 制定 BIM 技术标准是一个复杂而专业的过程，本指南可作为技术标准制定的参考和指引。项目级 BIM 技术标准的制定建议根据项目的 BIM 技术应用目标而定。

5 需考虑的因素

本指南将 BIM 技术应用点分为基本应用、扩展应用和高级应用,以适应不同的需求。具体见表 1 所示。但这些应用层次建议并非统一规定,使用时可根据具体情况调整。建议三级甲等医院适当采用扩展应用和高级应用内容。

表 1　　医院建筑全生命周期 BIM 技术应用层次建议

项目阶段及协同平台	基本应用	扩展应用	高级应用
策划及设计阶段	策划或方案模型，场地分析，方案比选，虚拟仿真漫游，特殊设施和特殊场所模拟分析，建筑、结构及机电专业模型构建，建筑结构平立剖检查，面积明细表统计，建筑设备选型分析，空间布局分析，重点区域净高分析，净空分析，2D 施工图设计辅助	场地分析与土方平衡分析，建筑性能模拟分析，更深入的特殊设施和特殊场所模拟分析，人流、车流和物流模拟，医疗工艺流程仿真及优化，造价控制与价值工程分析	更深入的医疗工艺流程仿真及优化，医疗空间模块化构建
施工准备及施工阶段	4D 施工模拟，施工场地规划，模拟、比选及优化施工方案，辅助工程量计量，跟踪质量管理，竣工 BIM 技术模型构建	施工深化设计辅助，基于 4D 的进度控制，5D 造价控制，设计变更跟踪管理，辅助发包与采购管理，预制构件深化设计，辅助材料和设备管理，模拟市政管线规划或搬迁方案，跟踪安全管理	模拟既有建筑拆除方案，大型医用设备安装条件分析及进场方案论证
动用准备及竣工验收阶段	辅助竣工结算，人员培训，BIM 技术成果验收及移交、竣工档案管理	辅助设备及系统调试，辅助竣工验收及保修管理，辅助竣工决算、审计及后评估	辅助开办准备
运维应用阶段	策划运维应用方案	模型运维转换，构建或更新运维模型	基于 BIM 技术的运维系统应用
基于 BIM 技术的项目协同平台	BIM 技术应用的软（硬）件选择、构架及维护	项目协同平台的开发（或引进）及应用	基于 BIM 技术的项目管理集成平台

6 全生命周期应用点和应用价值

6.1 总体应用价值

6.1.1 对医院建设项目产生的价值

(1) 有助于前期策划、决策和可行性论证;

(2) 有助于提升设计的可视化效果;

(3) 有助于减少设计错误,提升设计质量;

(4) 有助于医院建筑的可持续性设计以及提升建筑性能和品质;

(5) 有助于参建各方和各专业沟通协调;

(6) 有助于早期的造价控制及精细化过程控制;

(7) 有助于可施工性分析,提升施工方案水平;

(8) 有助于设计变更和价值工程分析;

(9) 有助于设计和施工的协作;

(10) 有助于监控进度、质量、安全等项目目标;

(11) 有助于后期运维等。

6.1.2 对医院产生的价值

(1) 提高医院建筑的性能品质;

(2) 提高各参与方的沟通效率和效果;

(3) 减少错误及控制造价;

(4) 为医院运行提供丰富而准确的建筑和设备设施信息;

(5) 有助于提升医院建筑全生命周期管理能力;

(6) 有助于构建标准的 BIM 技术模板,以减少项目开发中低效的人工检查与验证;

(7) 有助于智慧医院建设等。

6.2 不同阶段应用点及应用价值

BIM技术在医院建筑全生命周期应用点及应用价值，如表2所示。

表2 医院建筑全生命周期BIM技术应用点及应用价值

序号	应用点	应用价值
1	**策划及设计阶段应用**	—
1.1	**策划及方案设计阶段的BIM技术应用**	—
(1)	规划或方案模型构建	有助于可行性分析； 有助于政府审批沟通； 有助于提高设计质量； 有助于院方参与设计； 有助于方案决策
(2)	场地分析和土方平衡分析	
(3)	建筑性能模拟分析	
(4)	设计方案比选	
(5)	虚拟仿真漫游	
(6)	人流、车流、物流模拟	
(7)	一级医疗工艺流程仿真及优化	
(8)	特殊设施模拟分析	
(9)	特殊场所模拟分析	

续表

序号	应用点	应用价值
1.2	**初步设计阶段的 BIM 技术应用**	—
(10)	建筑、结构及机电等专业模型构建	有助于减少设计错误； 有助于提高设计质量； 有助于业主内部沟通； 有助于确定造价预算； 有助于减少设计变更
(11)	建筑结构平面、立面、剖面检查	
(12)	二级医疗工艺流程仿真及优化	
(13)	面积明细表及统计分析	
(14)	建筑设备选型分析	
(15)	空间布局分析	
(16)	重点区域净高分析	
(17)	造价控制与价值工程分析	
1.3	**施工图设计阶段的 BIM 技术应用**	
(18)	建筑、结构、机电等专业模型构建	
(19)	冲突检测及 3D 管线综合	
(20)	三级医疗工艺流程仿真及优化	
(21)	竖向净空分析	
(22)	2D 施工图设计辅助	
(23)	造价控制与价值工程分析	

续表

序号	应用点	应用价值
2	**施工准备及施工阶段应用**	—
2.1	**施工准备阶段的 BIM 技术应用**	—
（24）	既有建筑的拆除方案模拟	有助于提高施工方案合理性； 有助于现场的精细化管理； 有助于加强发包及合同价控制
（25）	市政管线规划或搬迁方案模拟	
（26）	施工深化设计辅助及管线综合	
（27）	施工场地规划	
（28）	施工方案模拟、比选及优化	
（29）	预制构件深化设计	
（30）	发包与采购管理辅助	
2.2	**施工阶段的 BIM 技术应用**	—
（31）	4D 施工模拟及辅助进度管理	有助于现场的精细化管理； 有助于科学合理地加快进度； 有助于造价控制； 有助于质量和安全管理； 有助于工程创优
（32）	工程量计量及 5D 造价控制辅助	
（33）	设备管理辅助	
（34）	材料管理辅助	
（35）	设计变更跟踪管理	
（36）	质量管理跟踪	
（37）	安全管理跟踪	
（38）	竣工 BIM 技术模型构建	

续表

序号	应用点	应用价值
3	**动用准备及施工验收阶段应用**	—
3.1	**动用准备阶段的 BIM 技术应用**	—
(39)	开办准备辅助	有助于开办工作顺利实施； 有助于运维交接； 有助于竣工验收； 有助于工程结算
(40)	设备及系统调试辅助	
(41)	人员培训	
3.2	**竣工验收及保修阶段的 BIM 技术应用**	
(42)	BIM 技术成果验收及移交	
(43)	竣工结算、决算、审计及后评估辅助	
(44)	竣工档案管理	

续表

序号	应用点	应用价值
4	**运维阶段应用**	—
4.1	**运维策划及模型构建**	有助于提升运维水平；有助于提升运维智能化；有助于应对各种变化需求
(45)	运维应用方案策划	
(46)	模型运维转换、运维模型构建或更新	
4.2	**运维阶段具体应用点**	
(47)	空间分析及管理	
(48)	设备运行监控	
(49)	能耗分析及管理	
(50)	设备设施运维管理	
(51)	BAS 或其他系统的智能化集成	
(52)	人员培训	
(53)	资产管理	
(54)	应急管理	
4.3	**基于 BIM 技术的运维系统应用**	
(55)	基于 BIM 技术的运维系统应用	

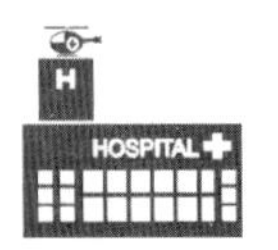

7 应用组织及实施方案

7.1 应用模式

7.1.1 本节所指应用模式是指医院建设单位或代建单位组织实施的BIM技术应用模式。由设计、施工、造价咨询等参建方自行实施的BIM技术应用不在本指南范围。

7.1.2 不同模式的应用阶段和应用深度

根据应用阶段和应用深度不同,BIM技术应用可分为四种模式。

(1) 模式一:建设阶段点式应用。即在工程建设阶段,针对特定目的而开展的BIM技术应用,通常是为了解决项目中的某些特定关键问题,例如设计方案的论证和决策、医疗空间和工艺方案论证、管线综合和优化、手术室设计及优化、专项施工方案论证等。

(2) 模式二:建设阶段全过程应用。即从前期策划到动用前准备的决策和实施阶段全过程应用(或实施阶段全过程应用),这一模式主要为项目投资、进度、质量、安全等目标控制和项目增值提供辅助及支撑,不仅涉及BIM技术建模及基于模型的各种分析,还涉及基于BIM技术的项目前期开发管理和全方位的项目管理工作。

(3) 模式三:运维阶段应用。即在运维阶段结合后勤管理、改造更新等工作开展BIM技术应用,通常为解决运维管理中的关键问题,例如既有建筑逆向建模与分析、基于BIM技术的后勤智能化平台构建、改造方案可视化分析、空间管理等。

(4) 模式四:全生命周期应用。这一模式能充分发挥BIM技术的数据、信息和知识价值,为建筑、设备和设施的全生命周期管

理提供增值支撑，并进一步对接后勤智能化管理平台、HIS或智慧医院运维系统等。这种模式可进一步扩展到全院的新建、扩建、大修改造以及既有建筑中的应用，也是优先建议应用和推广的模式。

7.1.3 不同模式的比较

7.1.2条款中四种模式的比较如表3所示。建议三级甲等医院或规模较大的新建项目采用模式四。

表3　　四种模式的比较分析

应用模式	应用阶段	应用重点	应用价值
模式一：建设阶段点式应用	前期策划、可行性研究、规划设计、方案设计、初步设计、施工图设计、施工准备、施工、竣工验收、动用前准备以及运维等某个或若干个阶段	特定目的或某些关键问题	单一价值
模式二：建设阶段全过程应用	从前期策划到动用前准备的决策和实施阶段全过程应用（或实施阶段全过程应用）	基于BIM技术的项目管理	项目目标控制和建设阶段增值
模式三：运维阶段应用	运维阶段应用	基于BIM技术的后勤管理及改造更新	项目运维增值
模式四：全生命周期应用	包括决策、实施和运维（或使用）等阶段	基于BIM技术的前期阶段开发管理、实施阶段项目管理和使用阶段的后勤管理（或设施管理）	为全生命周期服务，价值最大

7.2 组织方式

7.2.1 本节所指组织方式是指从医院(或建设单位)角度出发，针对特定的项目而提出的不同组织方式，并不涉及参建单位内部自行实施的 BIM 技术应用组织。

7.2.2 BIM 技术应用建议采用业主方驱动的应用组织方式，即由业主方提出应用需求、策划应用方案、管理应用过程等。在这一过程中，业主可聘请专业的 BIM 技术咨询单位协助策划管理和应用。

7.2.3 不同组织方式特征及应用要点

结合 7.1.2 条款中四种应用模式，常见的组织方式包括：

(1) 平行应用，即由参建单位分别承担 BIM 技术应用，主要是设计院、施工单位或者专项分包单位分别在设计阶段和施工阶段开展 BIM 技术应用工作。该组织方式较难充分发挥 BIM 技术价值，主要适用于 7.1.2 条款中应用模式一。当应用点较多或者涉及应用单位较多时，医院(或建设单位)会面临较大的组织协调以及专业经验等方面的压力，需要配置具有 BIM 技术经验的组织协调或管理人员。

(2) 第三方管理咨询，即由专业咨询单位负责 BIM 技术应用的总体应用和管理工作，各参建单位根据需要参与 BIM 技术应用工作。该组织方式主要适用于 7.1.2 条款中应用模式二和模式四，但该组织方式需要充分开展 BIM 技术应用策划，精心挑选 BIM 技术专业咨询公司，并详细设计 BIM 技术咨询合同。若采用全过程工程咨询模式，可将 BIM 技术应用管理包含在相应服务中。BIM 技术第三方专业咨询单位既可独立开展工作，也可和建设单位组织紧密合作，形成集成的项目团队。

(3) 医院(或建设单位)自行应用及管理，即医院(或建设单位)自行开展 BIM 技术应用工作，或部分混合以上两种组织方式。该组织方式主要适用于 7.1.2 条款中应用模式三，也在特定条件下适合其他模式。主要适用于医院(或建设单位)BIM 技术专业力量强大，或项目规模较小、复杂性较低、应用点较少，以及

全院新建、扩建、大中修改造以及既有建筑全面应用 BIM 技术等情况。

7.2.4 不同组织方式的优缺点及适用范围如表 4 所示。

表 4　各种组织方式的优缺点和适用范围

组织方式	优点	缺点	适用范围
平行应用	应用点明确，责任明确，管理简单	应用点单一，应用价值低；各方 BIM 技术应用工作可能重复；应用点多时管理复杂	应用点较少，项目规模小，复杂程度低
第三方管理咨询	由一家专业单位总体组织与协调，专业性和连续性强	需要精心选择 BIM 技术专业咨询单位	全过程、全方位 BIM 技术应用，工程规模大，项目复杂
医院（或建设单位）自行应用及管理	有利于培养自身专业化团队及应用推进，有利于运维期 BIM 技术应用，节省 BIM 技术应用咨询费用	专业性不足，BIM 技术管理团队调整不灵活	建设单位 BIM 技术专业力量强大，或项目规模较小、复杂性较低、应用点较少情况，以及全院全面应用 BIM 技术等情况

7.2.5 对于大型复杂医院工程，可成立 BIM 技术应用的领导小组和专门的工作小组来推动 BIM 技术的应用，必要时可成立专门的研发小组。

7.2.6 整个项目需明确 BIM 技术总负责人或具体负责人，参建各方可成立专门的项目 BIM 技术应用团队，并明确负责人和联络人。

7.3 各方能力要求

7.3.1 建设单位(或代建单位)能力要求

作为项目的总组织、总集成和总协调者,若采用全过程 BIM 技术应用,会给建设单位或代建单位提出新的能力要求,主要包括:BIM 技术应用的策划、组织和控制能力;BIM 技术咨询单位、设计及施工单位等关键参与单位的选择能力;医院内部医技人员、管理和决策人员参与的组织和协调能力;BIM 技术应用需求提出,成果检查和验收能力;BIM 技术创新应用的策划和组织实施能力;建立一个具有 BIM 技术能力的团队,以支持全生命周期应用、模型维护及调整。

7.3.2 BIM 技术咨询单位能力要求

若采用全过程、全方位的 BIM 技术应用咨询,BIM 技术咨询单位建议具备以下能力:BIM 技术建模、分析与应用策划和协调管理能力;工程咨询能力,包括专业技术能力、目标控制能力、组织协调能力,以及对医院领域的专业化服务能力等;基于 BIM 技术的信息化开发和应用能力,针对应用过程中一些软件问题和数据处理问题,能进行二次开发或者具有自主软件支撑;科研能力,为项目的创新应用提供课题研究和研发支持。这些能力要求依据合同约定的服务内容可有所侧重。若采用项目管理或者全过程咨询模式,且包含 BIM 技术服务内容,则项目管理或者全过程咨询单位也应具备本部分所描述的相应能力。

7.3.3 设计单位能力要求

设计单位的 BIM 技术服务内容决定了其 BIM 技术能力要求,一般而言,建议具备以下能力:BIM 技术建模和更新能力;基于 BIM 技术的专项分析能力;具有相应的医院领域设计服务经验;有专业的 BIM 技术工作团队;等等。若设计单位将 BIM 技术工作分包给外部单位,需要考察设计单位的 BIM 技术管理能力及对外部合作单位的管控能力。

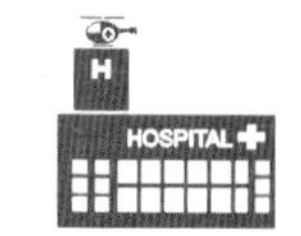

7.3.4 施工总承包单位

施工总承包单位的 BIM 技术合同条款决定了其能力要求，一般而言，建议具备以下能力：BIM 技术建模和深化能力，包括建筑、结构和机电等所有相关专业；基于 BIM 技术的施工应用能力，例如施工模拟、4D 应用、工程量计算和造价控制等；BIM 技术应用的组织、控制能力和应用经验；构建专业的 BIM 技术工作团队等。

7.3.5 各专业分包单位或设备供应商

分包单位或设备供应商的 BIM 技术合同条款决定了其能力要求，一般而言，建议具备以下能力：BIM 技术的建模和深化能力；基于 BIM 技术的专项深化应用能力，例如玻璃幕墙安装、精装修、智能化系统、医疗专项系统、手术室等；相应 BIM 技术应用经验和专业的 BIM 技术工作团队等。尤其对于医院重要常用设备，可要求设备供应商提供产品的 CAD 图纸和 BIM 技术模型，以用于指导和模拟房间空间及施工深化设计。

7.3.6 施工监理、造价咨询、招标代理等咨询单位

施工监理、造价咨询（或跟踪审计、财务监理）和招标代理等工程咨询单位建议具有基本的 BIM 技术应用能力，包括具有基于 BIM 技术的质量管理、安全管理、进度控制和造价控制等能力。

7.3.7 运维服务单位

建议具有基本的 BIM 技术应用能力，包括 BIM 技术查看、模型更新等基本能力以及熟悉基于 BIM 技术运维平台的操作等。

7.3.8 不同的 BIM 技术应用模式和组织方式对各方运维的能力要求不同，各地区和各医院可根据实际情况在招投标和合同条件中进行调整和采用，例如要求参建单位及项目团队人员具备同类项目的 BIM 技术应用经验、丰富的医院建筑族库、基于 BIM 技术的协同平台以及必要的专业证书等。

7.4 各方职责分工

7.4.1 建设单位(或代建单位)为BIM技术应用的总组织和总协调单位。负责组织建立BIM技术领导小组,统筹安排项目全过程BIM技术应用工作,提出BIM技术应用需求、进行成果确认及关键问题决策,组织BIM技术咨询单位、设计单位、施工单位、施工监理、造价咨询及招标代理单位等各参与单位共同推进BIM技术应用。

7.4.2 若引进BIM技术咨询单位作为BIM技术应用的具体实施总负责单位,BIM技术咨询单位则按照建设单位要求,负责策划和编制项目BIM技术应用大纲方案和实施方案,具体组织和协调各方BIM技术应用,编制各主要参建单位的BIM技术应用招标文件和合同条款,选择BIM技术协同平台并落实应用,检查各方BIM技术成果,提供基于BIM技术的项目管理服务,开展科研和创新研究,组织BIM技术培训,提供满足运维需求的BIM技术模型以及合同约定的其他BIM技术服务。

7.4.3 设计单位的BIM技术职责依据合同约定而定,通常情况下主要负责设计阶段的BIM技术应用以及施工阶段的配合服务。设计单位成立项目BIM技术团队,参加BIM技术例会及配合建设单位各项BIM技术工作。根据合同约定,可能需要负责BIM技术的建模和修改,或者提供BIM技术应用支撑服务,例如图纸电子版提供,对移交的BIM技术模型进行双向确认,开展设计方案比选和方案优化等。

7.4.4 施工承包单位的BIM技术职责依据合同约定而定,通常情况下主要负责施工阶段施工方的BIM技术应用。施工总承包单位成立项目BIM技术应用团队,参加BIM技术例会及配合业主方各项BIM技术应用工作。根据合同约定,可能需要负责基于BIM技术的施工应用以及协调各专项分包单位的BIM技术应用,例如施工组织和施工方案模拟、4D应用、质量和安全控制、模型更新和深化、深化设计应用以及竣工模型构建等。

7.4.5 施工监理单位的BIM技术职责依据合同约定而定，通常情况下主要负责施工阶段围绕监理工作的BIM技术应用，例如参加BIM技术例会及配合建设单位或BIM技术咨询单位的各项BIM技术工作，在现场管理、质量和安全管理、变更管理、工程量及签证管理等方面协助推进BIM技术应用。

7.4.6 造价咨询单位(或跟踪审计、财务监理等)的BIM技术职责依据合同约定而定，通常情况下主要负责造价控制方面的BIM技术应用，例如参加BIM技术例会及配合建设单位或BIM技术咨询单位的各项BIM技术工作，根据BIM技术咨询单位要求提供工程量统计，提高算量精度，了解变更实际增加工程量，提高签证及决策效率，控制投资，配合BIM技术咨询单位进行BIM技术5D造价应用。

7.4.7 各专业分包单位或设备供应商负责各自合同范围内的BIM技术应用，例如BIM技术模型的深化、调整和专项应用，指派专业BIM技术工程师或管理人员，负责BIM技术工作的沟通及协调，定期参加BIM技术例会，按照总承包要求的时间节点提交BIM技术模型，向总承包提供必要的协助和支持。

7.4.8 一些项目可能引进医疗工艺顾问等专业咨询单位，这些单位也需要在招标及合同中约定BIM技术服务内容或者工作配合要求。

7.4.9 运维服务或BIM技术咨询单位可以负责运维阶段的BIM技术维护工作。

7.4.10 各方职责分工和应用模式、组织方式紧密相关，建议进行整体策划，并在招标条件、合同条款以及应用方案中明确描述。

7.5 应用大纲和实施方案编写

7.5.1 BIM技术应用可能会引发现有项目管理组织及流程的优化和调整，因此需要评估BIM技术应用和既有项目管理、医院内部的组织架构和管理流程的关系，必要时进行适当调整，并反映到应用大纲和实施方案中。

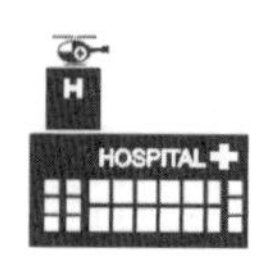

7.5.2 由于具体项目需求和应用环境的差异性，各医院（或建设单位）需根据自身情况和项目需求，参考本指南，通过试点项目，编写符合自身特点的应用大纲和实施方案，甚至具体的技术标准。

7.5.3 一般而言，应用大纲建议包括但不限于以下内容：

（1）项目概况及重、难点分析；
（2）BIM 技术应用目标及应用范围；
（3）BIM 技术应用组织；
（4）BIM 技术应用的工作流程；
（5）BIM 技术应用点及工作计划；
（6）BIM 技术应用成果、深度和模板要求；
（7）BIM 技术应用平台及软硬件要求；
（8）BIM 技术成果移交；
（9）BIM 技术成功应用的保障措施；
（10）BIM 技术培训；
（11）各类模型要素和文档文件命名规则等。

7.5.4 实施方案是对应用大纲的细化，可包含具体的表格、技术标准、编码规则、文档模板等内容。

7.5.5 应用大纲和实施方案由医院建设单位（或代建单位）组织或委托 BIM 技术咨询单位编写。具体实施前，必要时可开展相应培训及宣传贯彻。

7.5.6 应用大纲和实施方案的内容和深度没有明确的规定，可依据具体项目和管理要求而定。

8 全生命周期具体应用

8.1 策划及设计阶段应用

8.1.1 策划和方案设计阶段应用

8.1.1.1 策划或方案模型构建

(1) 构建项目的规划或方案体块模型，用于模拟仿真漫游，辅助多方案比较或优化。

(2) 辅助总体规划以符合政府规划和规范要求。

(3) 构建建筑与结构专业模型，用于方案比选与优化设计。

8.1.1.2 场地分析和土方平衡分析

(1) 建立场地模型，进行场地分析。为了详细分析建筑场地的主要影响因素，主要从地形与周边环境两个方面进行，分析过程中需考虑施工场地内的自然条件、建设条件以及公共元素外，还需要考虑周边环境对场地内的影响，以及周边市政基础设施信息，并在此基础上考虑如何利用以及改造环境，从而合理地处理建筑、场地及周边环境的关系。

(2) 重点解决医院建筑布局、地上地下空间利用方式、环境质量(日照、风速等)和无障碍设计等方面的问题。此外，医院的总体布局还要考虑医院的文化、历史传承，做到既保持医院的文化、历史、建筑特色，又提升医院的医疗流程和水平。

(3) 开展土方平衡分析。可借助无人机航拍及 3D 扫描等方法，精确分析及优化土方工程的实施方案。

8.1.1.3 建筑性能模拟分析

(1) 准确收集医院建筑所在地的气象数据、环境条件数据等资料，为建筑性能模拟分析奠定良好基础。

（2）根据医院建筑的使用功能不同，有侧重点地进行日照、采光、通风、能耗及声学等建筑物理性能的模拟分析。依据分析结果，进行方案设计成果的优化，提高医院建筑的舒适性、安全性、合理性和节能环保性，辅助绿色医院建设。

8.1.1.4　设计方案比选

（1）初步完成设计场地的分析工作后，对建筑面积、功能要求、建造模式和可行性等方面进行深入分析，构建不同的设计方案 BIM 技术模型，研究建筑的高度、层数和整体形式，并与医院决策人员及医院建筑的使用部门沟通。

（2）利用三维渲染、虚拟仿真漫游、日照和空气流动分析等多种方法进行效果展示和分析，辅助方案比选、方案优化及方案决策。确定建筑设计的基本框架，包括平面基本布局、体量关系模型、外观装饰及功能布置等相关内容。

（3）在“边运营边施工”的医院新建或改扩建项目中，尚需在设计方案中考虑施工方案的选择，基于 BIM 技术模拟分析，优先考虑施工对医院内部交通影响小、施工噪声低的方案。

（4）在建筑功能布局方案对比方面，需要考虑医院各个科室部门的人流及使用情况，基于 BIM 技术进行模拟分析，进行方案选择，从而最大程度上保证医护人员、患者及患者家属、管理人员和后勤服务人员的便利等。

8.1.1.5　虚拟仿真漫游

（1）模拟医院建筑的 3D 空间关系和场景，通过漫游、动画和虚拟现实（VR）等形式提供身临其境的视觉、空间感受和辅助医院决策人员、医院建筑的使用部门与设计师等在规划及方案设计阶段预览和比选。

（2）通过模拟仿真漫游，清晰表达建筑物的设计效果，并反映主要空间布置、复杂区域的空间构造等。使医院建设相关人员发现不易被察觉的设计缺陷或问题，减少由于事先规划不周全而造成的损失，辅助设计与管理人员对设计方案进行辅助设计与方案评审，促进工程项目的规划、设计、招投标和报批等管理工作的顺利进行。

8.1.1.6 人流、车流、物流模拟

(1) 模拟区域或建筑物内的人流动线，进行动线分析及优化。

(2) 模拟区域及周边道路的车流动线，进行动线分析及优化。分类模拟院内普通车辆、院内120急救车辆和社会车辆等的动线。

(3) 模拟区域及建筑物内的物流动线，进行动线分析及优化。根据医院内空间布局，可能涉及轨道小车物流、气动物流和智能物流等的模拟分析。

8.1.1.7 一级医疗工艺流程仿真及优化

(1) 以医院建筑项目的基本功能定位和业务框架规划学科或科室单元，结合概念规划工作进程，初步确定整个医院建筑的功能单元布局，并构建模型。

(2) 基于模型及专业性能分析软件，进行人流、物流动线的仿真模拟及优化，审视建设项目的功能结构是否符合医院的运营定位，确定医院建筑各个科室之间的关系。需要基于BIM技术模拟分析进行反复讨论和沟通，优化一级医疗工艺流程，提高科室总体布局上的合理性，从而减少医院建筑的资源浪费、避免人流与物流动线紊乱及给患者就医带来不便等问题。

(3) 轨道物流、气动物流等设施的服务站点布置，需要在一级医疗工艺流程中综合考虑。

8.1.1.8 特殊设施模拟分析

针对诸如智能化机械式停车库、大型机房(设备层)、大型医疗装备等特殊设施，开展模拟与仿真分析。依据模拟分析结果，进行设备选型，并初步确定设施安装、维护、更换等全生命周期管理的相关实施方案。

8.1.1.9 特殊场所模拟分析

针对诸如会议室、医院食堂、公共空间、人流密集空间及手术室等特殊场所，开展人流疏散及使用效果模拟与分析。据此，优化空间布局、疏散廊道、垂直交通和灯光照明等设计。

8.1.2 初步设计阶段应用

8.1.2.1 建筑、结构及机电等专业模型构建

(1) 构建初步设计阶段的建筑、结构及机电专业模型。随着设计的深入,在方案设计阶段模型的基础上,对建筑物的构件材料信息进行添加,并且协同此阶段水、暖、电、消防和医疗设备等系统的布置,对建筑和结构模型的几何信息作适当调整。

(2) 机电专业模型构建。主要是利用 BIM 技术软件建立初步设计阶段的强弱电、给排水、暖通、消防和医用气体等专业模型,涉及主管、干管及重要构件的模型信息内容。

(3) 医疗设备模型构建或集成。将设备厂商提供的模型进行集成,或根据设备厂商提供的图纸和参数,构建医疗设备模型。

(4) 审核各专业模型的构建深度。

8.1.2.2 建筑结构平面、立面、剖面检查

(1) 整合建筑专业和结构专业模型,对“合模”处理后的模型进行各个方向的剖切,生成平面、立面、剖面视图。

(2) 检查建筑、结构两个专业间设计内容是否统一、是否有缺漏,检查空间合理性,检查是否有构件冲突等“错漏碰缺”内容。

(3) 修正两个专业模型的错误,直到模型准确、统一、无冲突,并且编制碰撞检查报告。该报告需包含建筑结构整合模型的3D 透视图、轴测图、剖切图等,以及通过剖切模型而获得的平面、立面、剖面等 2D 图,并对检查修改前后的建筑结构模型进行对比说明。

8.1.2.3 二级医疗工艺流程仿真及优化

(1) 以医院各科室的医疗功能需求为基础,规划科室内的房间,初步确定各个科室(医疗功能单元)内部的房间布局。

(2) 基于 BIM 技术及专业性能分析软件,结合各类病患就诊流程,以保证医疗工作的安全性和效率为基本原则,进行人流、物流动线的仿真模拟及优化。

(3) 将模拟成果向院内科室负责人进行汇报、沟通,审视医疗功能单元内部房间的布局是否有利于缩短医疗活动路线,是否

实现人物分流、洁污分流，并且实现洁物与污物流线不交叉、不回流。

(4) 反复模拟和优化，直至符合医院医疗功能单元的规划需求。二级医疗工艺流程仿真及优化，不仅仅针对临床科室，还应包括医技科室，如放射影像科、检验科、功能检查科、病理科和药剂科等。

8.1.2.4　面积明细表及统计分析

由模型自动生成各功能房间的使用面积，并进行统计分析。精确统计各项常用面积指标，以辅助进行技术指标测算；并能在建筑模型修改过程中，发挥关联修改作用，实现精确快速统计医院建筑各类医疗用房(诸如病房、手术室、医疗实验室等)的净面积，便于与科室负责人、医疗用房者沟通，并调整优化。

8.1.2.5　建筑设备选型分析

(1) 在建筑专业模型中对各类主要建筑设备系统(诸如电梯、空调、医用气体系统等)进行初步排布；并根据项目设备参数表以及医院使用部门的相关需求，赋予模型设备相关参数。

(2) 使用专业软件进行分析，适配性判断，调整优化，选择合适的设备参数。电梯选型配置时需详细了解建筑物的自身情况和使用环境，包括建筑物的用途、规模、高度及客、货流量等因素；空调的选型标准主要基于空调的工作范围，此外，还需从节能环保的角度，综合考虑空调的型号与类型，对于医院内诸如手术室、常规病房、供应室、配置中心和血液病房等房间的空调系统参数都需满足《医疗机构消毒技术规范》相应规定，加强空调对空气病菌传染的控制；医用气体系统的选型需充分考虑设备型号、几何尺寸、安置位置及管线敷设的可操作性和管线布设的美观性。

8.1.2.6　空间布局分析

(1) 结合室内设备、设施及家具模型的布置，综合分析建筑空间布局，并与医院各个科室进行深入交流，初步明确房间布局。

(2) 结合楼层各房间的使用功能，进行楼层各房间的人流、物流分析，保持各流线顺畅。

8.1.2.7　重点区域净高分析

(1) 分区域确定走道、机房、车道和大厅等关键部位的净空高度。

(2) 基于模型初步布置强弱电、给排水、空调、热力、动力和气动物流(如有)等主要管线,校核重点区域净高。

8.1.2.8　造价控制与价值工程分析

(1) 依据初步设计阶段的建筑、结构及机电专业模型进行工程量计算。

(2) 基于 BIM 技术的工程量,进行设计概算控制与分析。

(3) 基于 BIM 技术计算初步设计阶段的建筑、结构及机电各专业系统的费用,测算建筑全生命周期成本,分析建筑各功能空间和专业系统实现的功能,进行该阶段的价值工程分析。

8.1.3　施工图设计阶段应用

8.1.3.1　建筑、结构、机电等专业模型构建

(1) 基于扩初阶段的模型和施工图设计阶段的设计成果,进一步构建各专业的信息模型,主要包括建筑、结构、强弱电、给排水、暖通、消防和医用气体等专业的三维几何实体模型。此阶段利用 BIM 技术的协同技术,可以提高专业内和专业间的协同设计质量,减少错漏碰缺,提前发现设计阶段中潜在的风险和问题,及时调整方案。

(2) 医疗设备模型构建或集成。进一步将设备厂商提供的模型进行集成,或根据设备厂商提供的图纸和参数,构建更精细化的医疗设备模型。

(3) 审核施工图设计阶段各专业模型的构建深度。

8.1.3.2　冲突检测及 3D 管线综合

(1) 应用 BIM 技术软件自动检测管线与管线之间、管线与结构之间的冲突,包括实体模型占用同一空间的"硬碰撞"和影响安装、检修等过程的"软碰撞"。

(2) 基于 BIM 技术优化调整管线布局,完成设计阶段的管线

综合。同时需分析空间布局的合理性，比如：重力管线延程的合理排布以减少水头损失，常规的机电管线与医用大管道及设备的协调，重点考虑机房、管廊等复杂部位，还需要考虑手术室、急诊中心、病房等医院特有区域模型的深化设计，这些情况皆需在三维管线综合过程中加以考虑。

8.1.3.3 三级医疗工艺流程仿真及优化

(1) 基于 BIM 技术及专业性能分析软件，进行仿真模拟，反复修正，多方案选优，确定医院建筑的各个房间内部的设施设备、医疗家具、水电点位和内装条件(地面、墙面、顶篷、通风及温度等)。精细化模拟、分析、确定整个新建、改扩建项目每个房间内部的布局，为具体进行临床诊疗工作的医生、护士、技师等打造完善的工作用房条件。

(2) 对于大型空间、人员密集场所、手术室等进行气流模拟分析。

(3) 三级医疗工艺流程的仿真及优化，依据具体医院建筑的功能需求和建设条件，可以贯穿初步设计阶段和施工图设计阶段，甚至可以延续到施工准备阶段的深化设计过程。

8.1.3.4 竖向净空分析

(1) 优化强弱电、给排水、空调、热力、动力及消防等综合管线，通过计算机自动获取各功能区内的最不利管线排布，绘制各区域机电安装净空区域图。

(2) 将调整后的模型以及相应深化后的 CAD 文件，提交给建设单位(或代建单位)确认。其中，对二维施工图难以直观表达的结构、构件、系统等提供 3D 透视和轴测图等 3D 施工图形式辅助表达，为后续深化设计、施工交底提供依据。

8.1.3.5 2D 施工图设计辅助

以三维设计模型为基础，通过剖切的方式形成平面、立面、剖面和节点等二维断面图，可采用结合相关制图标准，补充 2D 出图，或在满足审批审查、施工和竣工归档要求前提下，直接使用 2D 断面图方式出图。对于复杂局部空间，建议借助 3D 透视图和

轴测图进行表达。

8.1.3.6　造价控制与价值工程分析

（1）依据施工图设计阶段的建筑、结构及机电专业模型进行工程量计算。

（2）基于BIM技术的工程量计算，进行施工图招标的造价控制与分析。

（3）基于BIM技术计算施工图设计阶段的建筑、结构及机电各专业系统的价值系数，测算建筑全生命周期成本，并且分析建筑各功能空间和专业系统实现的功能，进行该设计阶段的价值工程分析。

8.2　施工准备及施工阶段应用

8.2.1　施工准备阶段应用

8.2.1.1　既有建筑的拆除方案模拟

（1）依据项目场地内的既有建筑特征，构建既有建筑的建筑专业和结构专业模型。如需要，也可构建医用设备设施及机电专业模型。

（2）依据拆除施工方案，制作逆向4D拆除模拟施工视频。通常，依次拆除医用设备、医用气体、机电设备、建筑构件和结构构件。施工方案需关注安全、噪声、扬尘等控制措施。

8.2.1.2　市政管线规划或搬迁方案模拟

（1）构建建筑周边的市政管线模型，进行优化分析或既有管线对接分析。

（2）如必要，模拟管线搬迁方案，并进行优化分析。

8.2.1.3　施工深化设计辅助及管线综合

（1）结合施工现场的实际情况，将施工规范与施工工艺融入施工作业模型中，提升深化后模型的准确性和可校核性。

（2）随着机电设备、医用设备的选型及各类管线的深化设

计，进一步基于 BIM 技术开展管线综合及分析，出具管线施工图，包括关键部位的管线断面布置图，以指导管线施工。

8.2.1.4　施工场地规划

基于 BIM 技术对施工各阶段的场地地形、既有建筑设施、周边环境、施工区域、临时道路、临时设施、加工区域、材料堆场、临水临电、施工机械及安全文明施工设施等进行规划布置和分析优化。

8.2.1.5　施工方案模拟、比选及优化

工程开始施工前，在施工图设计模型或深化设计模型的基础上附加建造过程、施工顺序、施工工艺等信息，进行施工过程的可视化模拟，从而发现施工中可能出现的问题，并充分利用 BIM 技术对方案进行分析和优化，提高方案审核的准确性。实行多方案对比优化，直到获得最佳的施工方案。进行施工方案的可视化交底，从而指导施工。

针对大型医用设备，例如计算机断层扫描（Computed Tomography，CT）、核磁共振、X 射线数字成像（Digital Radiography，DR）、计算机放射摄影（Computed Radiography，CR）和工频 X 线机等设备，进行安装条件分析及进场方案论证。

8.2.1.6　预制构件深化设计

运用 BIM 技术提高承包商的构件预制加工能力，预制范围包括混凝土结构预制构件、钢结构预制构件、木结构预制构件等，通过形象化的深化设计减少产品生产中的问题，并为工厂预制加工建筑构件、运输、现场拼装等工作提供基础。

8.2.1.7　发包与采购管理辅助

基于 BIM 技术模型完善招标相关文件资料，辅助工程发包与材料设备采购管理。借助 BIM 技术的可视化和参数化特性，使投标人在短时间内精确掌握医院建设项目的相关信息，有利于发包与采购的透明化和公平竞争。

8.2.2 施工阶段应用

8.2.2.1 4D施工模拟及进度管理辅助

在建筑三维几何模型的基础上，增加时间维，从而进行4D施工模拟。通过安排合理的施工顺序，优化劳动力、机器设备、物资材料和资金消耗量及质量目标关系。基于可视化的4D施工模拟及进度控制，识别出施工过程中潜在的交错、冲突现象，分析分区、分段施工的可行性，进行小范围的工序变更和优化，施工进度控制。

8.2.2.2 工程量计量及5D造价控制辅助

(1) 在施工图设计模型和施工图预算模型的基础上，按照合同规定深化设计和工程量计算要求深化模型，同时依据设计变更、签证单、技术核定单和工程联系函等相关资料，及时调整模型，据此进行工程计量统计。

(2) 将模型融入时间和成本信息，实现施工过程工料机精确统计、资源计划精准确定、成本动态控制，实现5D造价控制。

8.2.2.3 设备管理辅助

在深化设计模型中添加或完善楼层信息、进度表、报表等与设备相关信息，追溯大型设备的物流与安装信息。能够在施工各阶段输出所需设备的信息表、已完工程消耗的设备信息、下个阶段工程施工所需配备的设备信息，实现施工全过程中设备有效控制。

8.2.2.4 材料管理辅助

在深化设计模型中添加或完善楼层信息、构件信息、进度表和报表等材料相关信息，追溯大型构件、部件材料的物流与安装信息。能够在施工各阶段输出所需材料的信息表、已完工程消耗的材料信息、下一阶段工程施工所需配备的材料信息，实现施工全过程材料管理。

8.2.2.5　设计变更跟踪管理

跟踪设计变更,应用 BIM 技术进行变更方案的分析,并出具相关分析报告。

8.2.2.6　质量管理跟踪

(1) 通过现场施工情况与模型的对比分析,从材料、构件和结构三个层面控制质量,有效避免质量通病的发生。

(2) 若有省级、国家级优质工程奖的创优需求,尚需基于 BIM 技术进行创优策划、优质施工样板引领效果、优质施工工艺模拟与跟踪等创优质量管理。

(3) 需要提前对工人进行基于 BIM 技术的质量管理技术交底,进行开工前的培训,或为工人实际操作提供参考,从而减少实际操作失误。

(4) 现场施工管理人员需要实时将现场问题进行拍照、对问题进行描述并上传至项目协同平台,通过与模型进行关联,有效地跟踪质量控制问题,精确控制质量管理信息。

8.2.2.7　安全管理跟踪

(1) 应用 BIM 技术施工模拟,提前识别施工过程中的安全风险,进行危险识别和安全风险规避。并基于安全信息集成和共享,实现施工全过程动态安全管理。

(2) 需要提前对工人进行基于 BIM 技术的安全管理技术交底,进行开工前的培训,或为工人实际操作提供参考,从而减少实际操作失误。

(3) 现场施工管理人员需要实时将现场问题进行拍照、对问题进行描述并上传至项目协同平台,通过与模型进行关联,有效地跟踪安全控制问题,进行任务信息共享与管理。

8.2.2.8　竣工 BIM 技术模型构建

将竣工信息添加到作业模型中,并根据实际建造情况进行修正,保证模型与工程实体的一致性,以满足交付运维的要求。

8.3 动用准备及竣工验收阶段应用

8.3.1 动用准备阶段应用

8.3.1.1 开办准备辅助

(1) 基于模型,进一步增加家具、设备、设施信息,用于开办前的使用规划方案制定、采购统计分析等。

(2) 利用模型,进行开办前的各项检查、测试和模拟,包括空间、设备、设施、流线和家具等,若有必要,可进行进一步整改与优化。

8.3.1.2 设备及系统调试辅助

(1) 利用模型,辅助制定设备或系统调试方案和应急预案,开展重要设备及系统调试。

(2) 利用模型,进行设备及系统调试的方案审核和风险分析,例如可通过 BIM 技术分析各系统之间的拓扑结构及影响关系。一旦发生问题,可辅助开展问题分析或应急方案制定。

(3) 根据调试结果,完善 BIM 技术中的相应数据。

8.3.1.3 人员培训

利用 BIM 技术,对开办人员进行培训,包括熟悉空间、设施、设备和流线等,以保证开办工作的顺利开展。

8.3.2 竣工验收及保修阶段应用

8.3.2.1 BIM 技术成果验收及移交

(1) 对照相关合同及其他约定,组织 BIM 技术成果验收。验收可采用会议验收或委托方自行验收方式,具体验收工作建议由委托方组织,可邀请相应专家参与。若引入 BIM 技术咨询单位,则其他参与方的 BIM 技术成果验收可由 BIM 技术咨询单位组织。

(2) 将验收或根据验收意见修改后的 BIM 技术成果移交给委托方,成果包括并不限于模型、报告、图片及视频等各类电子或

纸质文档。

8.3.2.2　竣工验收及保修管理辅助

（1）可利用 BIM 技术的可视化模型以及相应参数，辅助竣工验收。

（2）若在竣工验收过程中发现模型信息错误或者不准确，或者需要进一步补充或深化模型，或者需要针对整改后的部分进行模型构建或修改，可根据约定或者协商进行模型完善。

（3）利用 BIM 技术，辅助工程缺陷的修复及跟踪。并根据修复结果，进一步完善模型。

（4）可根据重要设备设施维修、保养的内容清单及技术文件，完善模型中的相应信息，为运维阶段 BIM 技术应用提供基础信息。

8.3.2.3　竣工结算、决算、审计及后评估辅助

（1）可利用 BIM 技术进行工程量的校核，以及工程变更的校核，辅助竣工结算。

（2）针对结算过程中的疑难分歧，可利用 BIM 技术进行辅助分析。

（3）可利用 BIM 技术进行决算分析，形成投资分析报告和知识模型，为后续同类项目提供参考建议。

（4）如有必要，利用 BIM 技术配合审计单位完成工程审计工作。

（5）如有必要，利用 BIM 技术配合项目后评估工作。

8.3.2.4　竣工档案管理

（1）和 BIM 技术相关的竣工档案需要满足现有规范和规定要求。

（2）和 BIM 技术相关的竣工档案包括模型、视频、音频、文档及图片等各类形式的档案。

（3）和 BIM 技术相关的竣工档案建议按照国家及地方要求进行组卷、编码、签名（或电子签名）等，并保证信息的准确性和完整性。

8.4 运维阶段应用

8.4.1 运维策划及模型构建

8.4.1.1 运维应用方案策划

(1) 进行运维阶段BIM技术应用策划,编制策划方案。

(2) 编制运维阶段BIM技术应用实施方案,实施方案是策划方案的细化和深化,有关内容和深度虽没有明确规定,但建议包含本部分所有应用点。

8.4.1.2 模型运维转换、运维模型构建或更新

(1) 针对新建项目,进行建设阶段BIM技术模型校对、更新和运维化转换;若不存在基础模型,则按照既有建筑建模方式处理。

(2) 针对既有建筑,进行运维模型构建(可能需要综合利用逆向建模和正向建模技术)。

(3) 运维模型中数据的现场复勘、校对和完善,包括设备设施数据的完整性和准确性、数据是否满足既有标准、规范或规定(如标签、分类、编码和色彩设置等)、数据的逻辑关联和拓扑结构以及数据的通用标准对接等,以保证BIM技术运维数据模型与实际情况保持一致。

(4) 模型的运维转换需要去除一些不必要的模型信息,增加必要的面向运维的模型信息,进行信息重组(包括优化模型、创建视图、优化属性和系统分类等),渲染表现效果,并采用轻量化技术以尽可能减少模型运行对计算机设备和网络通讯的要求。

(5) 运维导向的医院建筑、设备和设施的BIM技术数据包括编码信息、服务区域、类别信息(包括行业分类和医院自行分类等)、制造供应商信息(包括制造商、供应商、型号、编码和保证期等)、规格属性以及运维数据(包括工作状态、维护状态、维护历史和空间数据等)等。

(6) 考虑COBie国际通用标准以及国内技术标准的采用。

(7) 根据数据的产生阶段和来源主体,在项目之初明确不同

阶段数据提供的单位及职责分工。

(8) 运维模型的维护是个长期持续的过程，根据更新的范围、工作量和难度采用不同的模式。若更新范围小且院方具有自身专业力量，可自行维护；若更新范围大或院方缺乏相应专业力量，可委托专业单位进行维护，委托的方式既可单次委托也可集中打包委托。

8.4.2 运维阶段具体应用点

8.4.2.1 空间分析及管理

(1) 基于BIM技术，根据医院发展战略，制定空间使用规划、分配使用方案。

(2) 制定空间分类、编码与色彩标准方案(可与设计阶段协同一致)。

(3) 进行基于BIM技术的可视化空间分析和空间管理，例如不同功能空间的定位等。

(4) 基于BIM技术开展空间统计分析，例如空间的自动测算及组合统计分析、各种功能的统计分析、空间的使用效率分析以及基于空间的能耗测算、投资测算、成本分析等。

(5) 构建模块化或标准化的空间单元模型，例如手术室、实验室、病房和化验室等，协助空间设计检查及优化分析。

(6) 结合智能传感等方式，获取空间环境中温度、湿度、CO_2浓度、光照度、空气洁净度及有毒有害气体浓度等信息，进一步可获取碳(氮)氧化物排放，锝99、氟18、碘131等衰变射线监测数据信息，并结合其他专业软件进行分析，为病患服务及医务人员提供安全舒适的诊疗或康复空间环境。

(7) 如有必要，开展空间改造分析。将办公家具、医疗设备、空间功能等静态元素，空间净高、设备布局、既有设备及关系等空间信息，以及医疗工艺流程、人流、实时能耗等动态信息进行集成，通过医务人员、维护人员、行政管理人员等的协同分析，为更新改造提供最佳方案。

8.4.2.2 设备运行监控

(1) 通过基于BIM技术的设备可视化搜索、展示、定位和监

控,大幅度提高设备查询的效率、定位准确程度以及应急响应速度,以应对越来越复杂的医院设备设施系统,并考虑与现有后勤智能化平台进行对接。

(2) 支持基于BIM技术的拓扑结构查询,以查找、定位、显示甚至控制上下游设备,辅助分析故障源以及设备停机的影响范围。

(3) 设备模型的构建或维护,包括空调、锅炉、照明、电梯、生活水、集水井、医用气体、空压、能源计量、负压吸引、电力、气动物流及轨道物流等。

(4) 设备模型信息与实时监控数据的对接方案及实现,能按楼层、按设备、按点位和按使用空间进行分类、分组显示。

(5) 根据不同设备特点和需求,设置报警阈值(或动态阈值)及异常事件触发后的可视化展示方式。

(6) 对一个医院来说,即可同时监控多个院区、多个楼宇、多个设备,也可同时监控不同院区和不同楼宇的同一类设备的总体运行状态。监控和监测日志应包括时间、设备空间信息、监测事件、监测视频和归档档案等。

(7) 大修改造项目需要做好原有监测设备和新增设备的模型记录。在大修过程中应记录好因施工而影响的监测部位和监测设备的原有方案、临时方案和最终方案,以便后期恢复和查证。

8.4.2.3　能耗分析及管理

(1) 利用BIM技术,集合楼宇能耗计量系统,生成按区域、楼层、房间、诊疗业务量和气象特征等分类的能耗数据,对能耗进行分析,以此制定优化方案,降低能耗及运维成本,打造智慧绿色医院。

(2) BIM技术与能耗数据的集成方案及实现。包括通过相应接口或传感器等多源数据的集成和融合。

(3) 能耗监控、分析和预警方案及实现。包括远程实时监控以及预警的可视化展示、定位和警示提醒等。

(4) 设备的智能调节方案及实现。基于能源使用历史情况的统计分析,自动调节能源使用方案,也可根据预先设置的能源

参数进行定时调节，或者根据建筑环境和外部气候条件自动调整运行方案。

(5) 能耗的预测及方案优化。根据能耗历史数据，预测未来一定时间内的能耗使用趋势，合理安排设备能源使用计划。

(6) 生成能耗分析报告或将能耗数据传递到其他系统，进行标杆分析，为医院各部门提供决策服务。

8.4.2.4 设备设施维护管理

(1) 将相应信息集成，生成前瞻性维护计划，例如对需要更新或保养的设备或配件，自动提醒维护人员，驱动维护流程，实现主动式智慧维护管理，保障设备运行的高可靠性，降低运维成本，为医院高效能运行提供基本保障。

(2) 基于 BIM 技术及 RFID、二维码、室内定位等技术，实现设备设施的运行监控、故障报警、应急维修辅助，快速响应突发事件，保障医院的运行安全。

(3) BIM 技术中设备设施的维护信息加载和更新。收集维护保养的相关信息，例如品牌、厂家、型号、保养计划、维修手册及保养记录等，将相应信息加载、更新挂接至 BIM 技术的相应属性、参数或数据库中。

(4) 基于 BIM 技术、历史数据以及维护要求，针对不同设备、不同区域、不同品牌和不同状态等多个维度，制定或生成维护方案和维护计划，基于事件驱动后勤管理流程，辅助维护管理。

(5) 利用 BIM 技术及相应平台或终端设备，以及 RFID、二维码、AR 等技术，辅助提高日常巡检管理的效率和效果。

(6) 利用基于 BIM 技术的相应平台、监控中心或终端设备，进行信息的交互与标注，实现可视化报修。通过维修计划的实施，进行自动派单与提醒，开展维修与保修管理。

(7) 设备设施维护改造辅助。在改造、更新或维护前，快速制定更新方案，评估相应影响，例如切断某一电源后的受影响区域的影响分析等。

(8) 在维修过程中，能通过室内定位与导航等技术，并通过 AR、移动终端等技术及设备，调取维护手册或操作视频，辅助维修，提高维修效率，降低操作错误率。

(9) 维护信息统计、分析及决策支持。通过BIM技术以及运维海量数据管理，进行数据的存储、备份与挖掘分析，以及设备的全生命周期管理。通过标杆分析，为设备采购、维护计划制定、能源管理及大修改造方案的制定等提供决策支持。

8.4.2.5　BAS或其他系统的智能化集成

(1) 不管是新建项目，还是既有建筑，都可能存在建筑BAS、安防、停车等成熟的、独立的智能化系统，BIM技术和这些系统的集成有助于更大程度上提升可视化和智能化水平。

(2) BIM技术与现有BAS、安防、停车等智能系统的集成方案分析。

(3) 其他系统建议提供标准化数据接口及检测点位图，以方便可视化展现监控点位模型，实现BIM技术中定位及数据查看。

(4) 基于BIM技术的BAS、安防、停车等智能集成平台的开发或引进。随着BIM技术的逐渐应用，会出现越来越多的基于BIM技术的智能化平台或潜在开发需求，需要结合医院自身特点、需求和应用环境，开发或引进相应平台。

(5) BIM技术与现有BAS、安防、停车等智能集成平台的维护与升级。随着技术的不断发展，需要考虑这些系统的同步升级和集成功能的实现。

(6) 基于集成的系统和数据，与HIS进一步融合，并利用人工智能、大数据等最新技术，为智慧运维、智慧诊疗和管理决策提供支撑服务。

8.4.2.6　人员培训

(1) 借助BIM技术可视化模型、基于BIM技术的后勤运维平台(或现有其他运维平台)、VR以及AR设备等，通过浏览、查看、模拟与沉浸操作，增强医院后勤保障人员的沉浸感、体验感和直观感受，使他们能快速掌握设施特点、位置信息、操作特点和运维要求等，提高培训效率和效果。

(2) 设施管理培训方案和培训计划的制定。根据BIM技术特点，提出基于BIM技术的培训计划、培训目的和培训方案，尤其是医院重点部位、重要区域和关键设备，制定详细的培训计划。

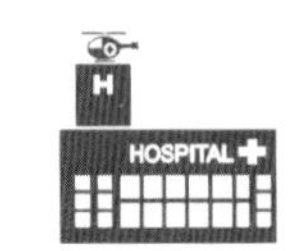

(3) 培训准备,包括模型、数据和软硬件等方面。

(4) 基于BIM技术的培训实施。例如日常运行监控、设备查看、场景展示和模拟演练等。

(5) 基于BIM技术的运维培训,既可利用模型,也可开发专门的基于BIM技术的运维培训平台,或者利用现有运维平台进行培训辅助。但需确保培训过程不能出现针对实际运行系统的误操作,做好培训方案,以影响正常系统的运维。

8.4.2.7 模型及文档管理

将项目全生命周期的模型信息、数据信息、文档资料统一管理,实现项目运维数据、模型及资料数据库建设,为项目成员提供资料的检索、预览、批注和版本管理。

8.4.2.8 资产管理

(1) 医院资产管理的范围很广,本部分涉及的范围主要是重要的建筑、建筑设备和设施资产,例如高估值设备和家具等。

(2) 利用运维模型数据,评估改造和更新建筑资产的费用,建立维护和模型关联的资产数据库。

(3) 通过对医院建筑、设备和设施的数字化、虚拟化从而形成数字化资产,这些数据对资产管理及医院运维具有长期价值。

(4) 基于BIM技术及二维码、RFID等技术进行资产信息管理。包括资产的分类、编码、价值评估和维护记录等。

(5) 利用BIM技术的可视化特点,进行关键资产的空间定位,以方便资产的管理。

(6) 通过手持终端、台账同步等方式,进行资产信息的更新和维护,并实现集中式存储、管理和共享。

(7) 资产管理的数据分析及决策咨询。通过数据的利用和挖掘,数据的集成与融合,以及数据驱动的应用,最大化地实现设备全生命周期运行的保值和增值。随着医院不断进行改造和大修,需要保证历史数据的记录以及数据的更新,要对数据创建、产生、使用等全过程进行职责划分,要提出数据要求和数据标准。

8.4.2.9 应急管理

(1) 利用BIM技术及相应灾害分析模拟软件，模拟灾害发生过程，例如气体泄漏、生化实验室事故、传染疾病爆发及不良事件等，制定应急预案、应急疏散和救援方案等。

(2) 针对意外事件、突发事件和突发故障，通过实时数据的获取、监控调用，利用医院智能化化系统、BIM技术数据和可视化展示方式，预警事故发生，显示疏散路径，制定或评估应急方案，提高医院应急管理和弹性管理水平。

8.4.3 基于BIM技术的运维系统应用

(1) 基于BIM技术的运维功能需求分析，以及对于现有运维系统的评估，评估二者结合的必要性、技术路线、成本、运行效果以及风险等问题。

(2) 委托专业单位，开展基于BIM技术的运维系统采购或个性化开发。若采用开发方式，则包括功能需求分析、功能设计、开发、应用及维护。其中详细的功能需求分析是平台开发和采购的关键基础，一方面和成本有很大关联，另一方面也涉及未来成功应用的难度。功能庞大复杂的系统能解决运维中的大部分问题，但往往也成本高昂，且应用难度高。

(3) 委托专业单位，开展基于BIM技术的运维系统和其他系统的数据对接及系统集成。

(4) 模型的更新管理。能便捷地更新平台中的模型并跟踪变更过程及进行版本管理。

(5) 基于BIM技术的运维系统培训和实施。大型平台系统的应用往往是一个系统工程，既需要软件和硬件支撑，也需要培训教育和组织支撑。需重视基于BIM技术的运维系统培训、实施方案的制定、组织和制度的配套变革等。

9 基于 BIM 技术的项目协同平台及软硬件配置

9.1 项目协同平台开发(或引进)及应用

9.1.1 基于 BIM 技术的协同平台应用的目的是项目各参与方和各专业人员通过基于网络及 BIM 技术的协同平台，实现模型及信息的集中共享、模型及文档的在线管理、基于模型的协同工作、项目信息沟通以及项目进度、造价、质量和安全目标控制等。因此，面向 BIM 技术应用的协同平台既需要具有项目管理和协同功能，也需要支持在线 BIM 技术管理及移动终端的应用等。

9.1.2 编制基于 BIM 技术的项目协同平台应用规划和实施方案。根据所选择的项目平台特点，结合医院建设管理模式及项目的实际情况、应用需求，制定协同平台应用规划，明确应用目的、应用功能、应用范围、应用组织及职责、应用措施及制度、应用成果等。应用规划可由医院建设单位或代建单位组织 BIM 技术咨询单位、平台供应商以及总承包、施工监理和设计等单位进行编写。

9.1.3 编制基于 BIM 技术的项目协同平台的功能需求方案。功能需求方案应根据项目特定的实际需求和应用环境编制。通常而言，越复杂和全面的功能，越能满足项目系统性需求，但成本和应用的难度也越高。

9.1.4 若采用开发方式，需要委托专业化公司进行基于 BIM 技术的项目协同平台开发(或二次开发)及维护，并由 BIM 技术应用总组织单位负责实施。若采用引进方式，需要充分考察、试用和评估各类平台优缺点，在同等效用下，应优先考虑 BIM 技术咨询公司自有平台，以尽可能节省成本，也有利于平台的实施和二次开发。

9.1.5 对于一些满足特定专业功能基于 BIM 技术的项目管理软件,可考虑单独采购或要求 BIM 技术应用单位采购并包含相应报价中,例如 4D 软件、基于 BIM 技术的造价分析软件等。

9.1.6 建议采用基于云的项目协同平台,以利于平台的自动化更新和远程维护。

9.1.7 组织协调各单位开展基于 BIM 技术的项目协同平台应用,进行必要的培训,并在应用过程中进行督促和检查。

9.1.8 可结合项目管理流程以及平台功能,确定标准化的工作流程,实现基于协同平台的流程管理,规范项目管理过程,提高项目管理效率。

9.2 项目协同平台的功能

项目协同平台的功能在不断拓展中,不同的产品也具有不同的功能组合,以下简要介绍常用功能,供医院建设单位参考。

(1) 建筑三维可视化。可在电脑及手持终端的浏览器模式下,实现包括 BIM 技术的浏览、漫游、快速导航、测量、模型资源集管理以及元素透明化等功能。

(2) 模型空间定位。对问题信息和事件在三维空间内进行准确定位,并进行问题标注,查看详细信息和事件。

(3) 模型版本管理。能进行多个版本的记录、比较和管理。

(4) 项目流程协同。项目管理全过程各项事务审核处理流程协同,如变更审批、现场问题处理审批、验收流程等,需要考虑施工现场的办公硬件和通信条件,结合云存储和云计算技术,确保信息的及时便捷传输,提高协同工作的适用性。

(5) 图纸信息关联及变更管理。将建筑的设计图纸等信息关联到建筑部位和构件上,并在模型浏览界面显示出来,方便用户点击和查看,实现图纸协同管理。项目各参与人员通过平台和模型查看到最新图纸、变更单,并可将二维图纸与三维模型进行对比分析,获取最准确的信息。

(6) 进度计划管理。实现 4D 计划的编辑和查看,通过图片、视频和音频等,对现场施工进度进行反馈,或采用视频监控方式,

及时或实时对比施工进度偏差,分析施工进度延误原因。

(7) 质量安全管理。现场施工人员或监理人员发现问题,通过移动终端应用程序,通过文字、照片、语音等形式记录问题并关联模型位置,同时录入现场问题所属专业、类别、责任人等信息。项目管理人员登录平台后接收问题,对问题进行处理整改。通过平台定期对质量安全问题进行归纳总结,为后续现场施工管理提供数据支持。针对基坑等关键部位,可通过数据分析,进行安全事故的自动预警或者趋势预测。

(8) 文档共享与管理。项目各参建方、各级人员通过电脑、移动设备实现对文档在线浏览、下载及上传,减少以往文档管理受电脑硬件配置和办公地点的影响,让文档共享与协同管理更方便。

(9) 数据挖掘。随着平台的不断应用,数据不断积累,对数据进行挖掘与分析。

(10) 安全和权限管理。由于 BIM 技术、项目文档和项目数据存在知识产权和数据保护要求,平台需要具有严格的安全和权限管理功能。

9.3 BIM 技术应用的软硬件选择、构架及维护

9.3.1 BIM 技术模型的应用和协同平台的使用需要参建各方配置一定性能的软件和硬件,包括工作站、个人电脑、移动设备、演示设备及监视设备等,并需要不断维护,包括升级、更换等。医院建设单位或代建单位硬件配置建议参考附录 B。实际配置需要根据软硬件技术发展进行适当提高。

9.3.2 需要明确各软硬件规格型号要求及采购责任方。

9.3.3 任何软件都有一定的局限性和优缺点,软件的选择建议考虑数据和模型之间的共享和交互,避免可能存在的信息丢失和模型重建工作。

9.3.4 现场建议提供无线传输网络和设备,并明确维护和管理单位。

10 成果要求及验收

10.1 成果要求

10.1.1 根据不同类型的医院建筑和具体需求，进行 BIM 技术应用策划，选择适当的 BIM 技术应用方法。在项目的不同阶段，BIM 技术应用单位应及时提交 BIM 技术应用成果，主要包括模型、视频、应用分析报告等形式的文件，能够为医院建设项目管理提供支撑。

10.1.2 策划及规划设计阶段的 BIM 技术应用成果主要包括：规划及方案设计、扩大初步设计、施工图设计不同阶段、各专业、不同深度的 BIM 技术模型；一级、二级、三级医疗流程的 BIM 技术模拟分析报告；医院内人流、车流、物流的交通组织模拟视频及分析报告；医院建筑的消防疏散、碰撞与冲突检查、管线综合、净高及空间布局等其他性能模拟分析报告。成果提交需具有提前性，及时提供给医院业主方、设计院等管理技术人员，充分应用 BIM 技术优化设计成果，提高设计成果的质量。

10.1.3 施工准备及施工阶段的 BIM 技术应用成果主要包括：场地准备（既有建筑拆除、管线搬迁等）模拟视频及分析报告；施工场地规划模型及分析报告；地下工程、地上结构、管线设备安装及装饰装修工程的施工模拟视频和分析报告；施工进程中应用 BIM 技术进行进度、造价、质量与安全控制的分析报告。指导施工的 BIM 技术应用成果建议至少在工程实施前 14 天提交。

10.1.4 竣工验收阶段的 BIM 技术应用成果主要包括：建筑、结构、机电、医疗设备设施、装饰装修及市政景观等各专业竣工模型、文档、图片和视频等。

10.1.5 运维阶段的 BIM 技术应用成果主要包括:运维化、轻量化处理的各专业运维模型,相关文档及软件系统。

10.1.6 竣工验收及运维阶段的 BIM 技术应用成果主要包括:建筑、结构、机电、医疗设备设施、装饰装修和市政景观等各专业竣工模型;轻量化、运维信息处理的各专业运维模型;运维平台操作等相关文件及软件成果。

10.1.7 不同阶段的模型成果建议满足合同约定的模型深度和细度要求,并支撑开放的数据交换标准,如工业基础分类(Industry Foundation Class,IFC)。

10.1.8 模型及 BIM 技术相关成果的交付和存储需要考虑安全问题,包括数据安全和访问安全控制等。

10.2 成果验收

10.2.1 在工程竣工验收阶段,BIM 技术应用单位需对项目全过程的 BIM 技术应用成果进行总结分析,提交成果汇总与分析报告,由医院建设单位(或代建单位)组织 BIM 技术应用单位依据本指南、相应标准和合同约定进行成果验收。

10.2.2 运维阶段的成果交付,主要包括运维模型的更新、运维平台的开发文件、软件平台以及使用手册等成果,由 BIM 技术应用单位依据服务合同约定的时间节点进行交付,并负责对医院后勤管理相关人员进行培训,建设单位依据合同约定组织成果验收。

11 取费模式

11.1 针对BIM技术应用服务内容及成果性质，相应取费模式可分为如下四种类型：

(1) BIM技术建模及基于模型的分析费用。该内容通常根据项目规模、复杂性、建模深度等进行取费，服务取费一般基于建筑面积进行计算。一些特定空间的建模也可按照功能单元按项计算，例如手术室、大型机房、样板房等。该部分取费可参照各地已发布BIM技术取费标准。

(2) 基于BIM技术的项目管理咨询或专业顾问服务费用。该内容通常由专业咨询公司针对项目重点、难点提供专业咨询，例如基于BIM技术的医疗工艺优化、空间布局优化、4D计划模拟和工程量校核等，或者提供驻场服务，包括代表委托方（院方、代建单位或建设单位等）进行各单位BIM技术应用的组织和协调工作。服务取费一般参考项目管理服务取费模式，即根据提供专业服务的内容以及派驻人员的岗位层次、数量、服务时间（或折算的服务时间）进行“成本＋酬金”或者按人年产值方式计算，也可按照总投资的一定比例进行取费计算。

(3) 基于BIM技术的相应平台或软（硬）件服务费用。该内容通常包括软（硬）件采购、平台开发或者二次开发以及相应的培训或应用咨询服务。对于软（硬）件采购、培训或者应用咨询服务，若非BIM技术咨询单位自有产品，则既可以由BIM技术咨询单位总负责，也可业主自行采购，供应商提供相应配套服务。而对于BIM技术咨询单位自有产品或者需要单独开发或者二次开发的平台，则根据平台功能、开发量、服务时间等进行报价，该部分通常可参照信息化平台取费方式进行计算。

(4) 面向BIM技术的科研创新服务费用。该服务内容通常由于项目规模大、复杂性高而具有开展科研创新的必要性，也包

括可能的成果总结出版、行业奖项申请等创新工作。该部分通常根据工作量和工作难度进行测算，采用固定包干价格方式。

11.2 以上取费通常采用总价计价方式。

11.3 BIM 技术应用所需要的费用可根据实际情况在可行性研究报告中单独列支，或适当增加设计费、咨询费、施工费用等，或由医院自筹经费。

11.4 若由医院要求应用 BIM 技术，可以适当增加各参建方费用。若参建单位自行实施 BIM 技术或承诺不增加额外 BIM 技术费用时，委托方需要在招标文件及合同相应条款中进行明确约定。

12 应用水平评估

12.1 建议参照现有国际及国内应用水平评估、成熟度模型或认证标准，制订医院 BIM 技术应用水平评估办法和评估标准，为医院 BIM 技术应用持续改进提供基准测定方法。

12.2 评估指标建议设置生命周期应用阶段、模型深度、涉及的角色或专业、管理流程集成程度、变更管理水平、平台应用、互用性/IFC 和模型管理等相应指标及各指标下的细分指标，并明确各指标及细分指标权重。

12.3 水平级别从低到高可分为 1～5 级。

12.4 各 BIM 技术应用单位既可以开展自评，也可委托第三方开展水平评估。

附录 A （资料型附录）主要相关标准或指南

《建筑信息模型应用统一标准》GB/T 51212—2016

《建筑信息模型分类和编码标准》GB/T 51269—2017

《建筑信息模型施工应用标准》GB/T 51235—2017

《建筑装饰装修工程 BIM 技术实施标准》T/CBDA—3—2016

《上海市级医院建筑信息模型应用指南》(2017)

《浙江省建筑信息模型(BIM 技术)技术应用导则》(2016)

《浙江省建筑信息模型(BIM 技术)应用统一标准》DB33/T 1154—2018

《广东省建筑信息模型应用统一标准》DBJ/T 15—142—2018

《福建省建筑信息模型(BIM 技术)技术应用指南》(2017)

附录B （推荐型附录）BIM技术应用硬件配置建议

类型	配置建议
个人电脑终端	正版Windows 10 64bit操作系统及更新系统；Intel i系列或AMD瑞龙系列多核高端中央处理器及更新版本；至少8G DDR3及以上内存；分辨率至少2K及以上，并支持真色彩；拥有至少2G及以上独立显存的独立显卡；建议至少128G系统SSD固态硬盘加1T以上机械硬盘存储的配置等
系统服务器	正版最新Windows server操作系统及后续版本；Intel Xeon系列或AMD皓龙系列4核及以上高端中央处理器及后续版本；至少16G DDR4及以上内存；至少256G及以上系统SSD固态硬盘加1T以上机械硬盘存储，RAID 10及以上级别的磁盘阵列及数据安全；支持云存储；使用web service服务及HTTP协议；至少具有DNS及内外网一个IP及以上；至少1000M带宽及以上等
个人移动设备终端	主流安卓或iOS最新版系统；内存4G，存储64G级以上；屏幕5.5寸及以上，支持多点触控，分辨率1080p及以上，DPI 400及以上，色域72%及以上；前置摄像头像素800万，后置摄像头像素1200万及以上等
无线网络及路由器	无线网络带宽100MHz及以上，信号强度至少－80dbm及以上，建议使用无线路由器桥接以实现更大的信号覆盖范围及更好的信号强度；路由器多核1.5GHz CPU及以上，内存64M及以上，具有多频段信号，多组千兆网口，USB3.0接口等

参考文献

[1] Michael Phiri. BIM 技术 in Healthcare Infrastructure: Planning, design and construction[M]. London: ICE Publishing,2016.

[2] Analysis MT. The Business Value of BIM 技术 in North America SmartMarkt Report[R]. 2014.

[3] Stephen A. Jones. Measuring the impact of BIM 技术 on Complex Buildings[M]. America: Doge Data & Analytics,2015.

[4] 泰肖尔兹·保罗. 设施管理应用 BIM 技术指南[M]. 张志宏,译. 北京:中国建筑工业出版社,2017.

[5] 曹吉鸣,缪莉莉. 综合设施管理理论与方法[M]. 上海:同济大学出版社,2018.

[6] 伊斯曼查克. BIM 技术手册(原书第二版)[M]. 耿跃云,尚晋,译. 北京:中国建筑工业出版社,2016.

[7] 广东省住房和城乡建设厅. 广东省建筑信息模型应用统一标准: DBJ/T 15—142—2018[S]. 2018.

[8] 黄锡璆. 中国医院建设指南[M]. 北京:中国质检出版社,中国标准出版社,2015.

[9] 凯萨·佩尼尼. BIM 技术的关键力量:BIM 技术实施指南要点[M]. 潘婧,刘思海,苏星,译. 北京:机械工业出版社,2017.

[10] National Institute of Building Science, National BIM 技术 guide for Owners[C]. 2017.

[11] National Institute of Building Science, BuildingSMART Alliance. National BIM 技术 Standard — United States (Version 3) [P]. 2015.

[12] Pennsylvania State University. BIM 技术 Planning Guide for Facility Owners(Version 2.0),[P]. 2013.

[13] The U. S. Department of Veterans Affairs. The VA BIM 技术

Guide[P]. 2010.

[14] 上海申康医院发展中心. 上海市级医院建筑信息模型应用指南(2017)[M]. 上海:同济大学出版社,2017. 11.

[15] 上海市住房和城乡建设管理委员会. 上海市建筑信息模型技术应用指南(2017)[C]. 2017.

[16] Building and Construction Authority. Singapore BIM 技术 Guide (Version2)[R]. 2013.

[17] 深圳市建筑工务署. 深圳市建筑工务署公共工程应用实施纲要[R]. 2015.

[18] 深圳市建筑工务署. 深圳市建筑工务署 BIM 技术实施管理标准[R]. 2015.

[19] 余雷,张建忠,蒋凤昌等. BIM 技术在医院建筑全生命周期中的应用[M]. 上海:同济大学出版社,2017.

[20] 张建忠,乐云. 医院建设项目管理[M]. 上海:同济大学出版社,2017.

[21] 浙江省住房与城乡建设厅. 浙江省建筑信息模型(BIM 技术)技术应用导则[C]. 2016.

[22] 浙江省住房与城乡建设厅. 建筑信息模型(BIM 技术)应用统一标准 DB33/T 1154—2018[S]. 2018.

[23] 福建省住房和城乡建设厅. 福建省建筑信息模型(BIM 技术)技术应用指南[C]. 2017.